LEVEL 3

사이언스 리더스

화성과 탐사 로봇

엘리자베스 카니 지음 | 조은영 옮김

비룡소

엘리자베스 카니 지음 | 미국 뉴욕 브루클린에 살며 작가이자 편집자이다. 어린이 지식책과 과학, 수학 잡지 등에 주로 글을 쓴다. 2005년 미국과학진흥협회(AAAS)에서 주는 과학 저널리즘상 어린이 과학 보도 부분을 받았다.

조은영 옮김 | 어려운 과학책은 쉽게, 쉬운 과학책은 재미있게 옮기려는 과학도서 전문 번역가이다. 서울대학교 생물학과를 졸업하고, 같은 대학교 천연물대학원과 미국 조지아대학교에서 석사 학위를 받았다.

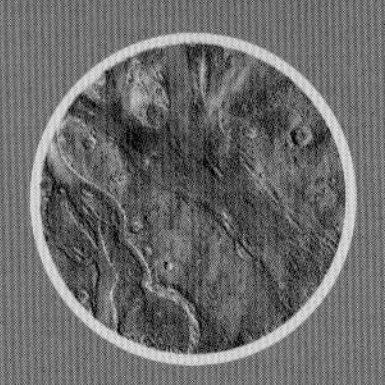

이 책은 캘리포니아 공과 대학의 커스틴 시바흐가 감수하였습니다.

내셔널지오그래픽 키즈 사이언스 리더스
LEVEL 3 화성과 탐사 로봇

1판 1쇄 찍음 2025년 1월 20일 **1판 1쇄 펴냄** 2025년 2월 20일
지은이 엘리자베스 카니 **옮긴이** 조은영 **펴낸이** 박상희 **편집장** 전지선 **편집** 최유진 **디자인** 천지연
펴낸곳 (주)비룡소 **출판등록** 1994.3.17.(제16-849호) **주소** 06027 서울시 강남구 도산대로1길 62 강남출판문화센터 4층
전화 02)515-2000 **팩스** 02)515-2007 **홈페이지** www.bir.co.kr **제품명** 어린이용 반양장 도서 **제조자명** (주)비룡소
제조국명 대한민국 **사용연령** 3세 이상 **ISBN 978-89-491-6927-9 74400 / ISBN 978-89-491-6900-2 74400 (세트)**

NATIONAL GEOGRAPHIC KIDS READERS LEVEL 3
MARS by Elizabeth Carney

사진 저작권 Cover, JPL/Cornell University/NASA; 1, David Aguilar/NGS; 2, NASA-JPL/Science Faction/Corbis; 4-5, JPL/Cornell/NASA; 5 (UP), NASA; 6 (LE), David Aguilar/NGS; 6 (RT), David Aguilar/NGS; 8-9, Babak Tafreshi/National Geographic Creative; 9 (LO), DeAgostini/G. Dagli Orti/Getty Images; 10 (UP), upsidedowndog/iStockphoto; 10 (LO), design56/Shutterstock; 11, Science Source; 13, Jim Olive/Polaris/Newscom; 14-15, Detlev van Ravenswaay/Science Source; 16-17, JPL/Cornell/NASA; 16 (UP), Dr. Mark Garlick; 16 (LO), Stocktrek Images, Inc./Alamy; 17 (UP), Sumikophoto/Shutterstock; 17 (CTR), Zeljko Radojko/Shutterstock; 17 (LO), Dimitri Vervitsiotis/Digital Vision/Getty Images; 19 (UP), JPL-Caltech/Univ. of Arizona/NASA; 19 (LO), Kees Veenenbos/Science Source; 20 (LE), NASA; 20 (RT), NASA; 21 (UPLE), JPL-Caltech/NASA; 21 (UPRT), JPL/Cornell University, Maas Digital LLC/NASA; 21 (CTR), JPL/NASA; 21 (LO), JPL-Caltech/NASA; 22, NASA; 23, JPL-Caltech/NASA; 25, JPL-Caltech/NASA; 26, Brian Van Der Brug/Los Angeles Times/MCT/ZUMAPRESS.com; 27 (UP), Damian Dovarganes/AP Images; 27 (LO), Damian Dovarganes/AP Images; 29, Red Huber/MCT/ZUMAPRESS.com; 30-31, Ruaridh Stewart/ZUMAPRESS.com; 32, Robyn Beck/AFP/Getty Images; 33 (LE), Rex Features/AP Images; 33 (UPRT), Rex Features/AP Images; 33 (CTR RT), Rex Features/AP Images; 33 (LORT), Rex Features/AP Images; 35, NASA/UPI/Newscom; 36-37, Stephan Morrel/National Geographic Creative; 38-39, Stephan Morrel/National Geographic Creative; 41 (UPLE), SSPL/Getty Images; 41 (UPRT), Universal/Kobal Collection; 41 (LOLE), K.J. Historical/Corbis; 41 (LORT), B. Speckart/Shutterstock; 42, Kim Kulish/Corbis; 43, Steve Gschmeissner/SPL/Getty Images; 44 (UP), David Aguilar/NGS; 44 (CTR), JPL-Caltech/NASA; 44 (LO), David Aguilar/NGS; 45 (UP-1), Pablo Hidalgo/Shutterstock; 45 (UP-2), Preto Perola/Shutterstock; 45 (UP-3), Ewa Studio/Shutterstock; 45 (UP-4), S.Borisov/Shutterstock; 45 (CTR RT), NASA; 45 (CTR LE), NASA; 45 (LO), Michael Stravato/AP Images; 46 (UPRT), Julian Love/AWL Images RM/Getty Images; 46 (CTR LE), Cheryl Casey/Shutterstock; 46 (CTR RT), Przemyslaw Wasilewski/Shutterstock; 46 (LOLE), JPL/NASA; 46 (LORT), JPL-Caltech/NASA; 47 (UPLE), Detlev van Ravenswaay/Science Source; 47 (UPRT), DEA/D'ARCO EDITORI/De Agostini/Getty Images; 47 (CTR LE), Steve Gschmeissner/SPL/Getty Images; 47 (CTR RT), Johan Swanepoel/Shutterstock; 47 (LOLE), David Aguilar/NGS; 47 (LORT), NASA

이 책의 차례

지구의 이웃, 화성 4

밤하늘의 오싹한 핏빛 행성 8

덜덜, 화성의 날씨! 12

화성에 대한 5가지 놀라운 사실 16

화성에도 물이 있을까? 18

다음 정거장은 화성입니다! 20

큐리오시티와 함께하는 화성 탐사 24

화성으로 향하는 기나긴 여정 28

사람이 우주에 가면? 34

붉은 행성을 푸르게 만들 수 있을까? 36

안녕, 화성인! 40

도전! 화성 박사 44

꼭 알아야 할 과학 용어 46

찾아보기 48

지구의 이웃, 화성

분홍색 하늘과 주홍빛 노을, 넓디넓은 사막과 거대한 골짜기가 있는 풍경을 상상해 봐. 이 모든 걸 볼 수 있는 장소는 어디일까? 바로 **화성**이야!

화성은 **태양계** 행성 중에서 지구와 두 번째로 가까운 이웃 행성이야. 물론 이웃이라고 해도 아주 멀리 떨어져 있긴 해. 우주선을 타고 가도 7개월은 걸리거든.

화성 용어 풀이

태양계: 태양과 그 주위를 도는 모든 것.

미국 항공 우주국(NASA)이 보낸 탐사 로봇 스피릿이 찍은 화성의 표면이야.

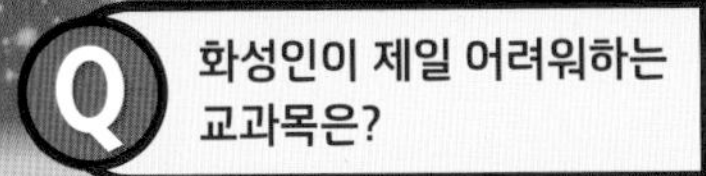

지구와 이웃 친구들, 태양계

지구 vs 화성, 전격 비교!

	지구	화성
하루의 길이	24시간	24시간 37분
1년의 길이(지구 시간 기준)	365일	687일
위성 수	1개	2개
평균 기온	섭씨 15도	섭씨 영하 65도
행성의 지름	12,756킬로미터	6,792킬로미터

화성은 태양계의 네 번째 행성이야. 크기는 지구의 절반만 해. 화성보다 작은 태양계 행성은 수성뿐이지.

화성과 지구는 비슷한 점이 많아. 우선, 둘 다 딱딱한 암석과 금속으로 이루어진 행성이야. 그리고 지구처럼 화성에도 계곡과 화산이 있어.

물론 다른 점도 많아. 예를 들어 볼게. 행성이 **축**을 중심으로 스스로 회전하는 걸 자전이라고 하는데, 화성은 지구보다 자전 속도가 느려. 그래서 화성의 하루는 지구보다 37분 더 길지. 한 번 자전하는 데 걸리는 시간을 하루로 계산하거든.

어때? 흥미롭지? 수천 년간 많은 사람이 밤하늘을 관찰하고, 화성을 관심 있게 지켜보며 알아낸 거야.

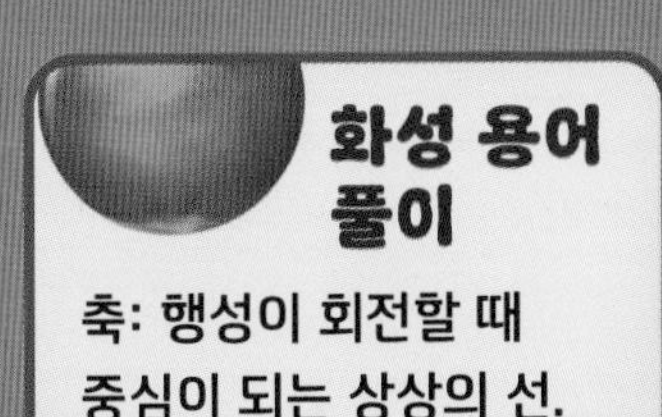

화성 용어 풀이

축: 행성이 회전할 때 중심이 되는 상상의 선.

밤하늘의 오싹한 핏빛 행성

2000여 년 전, 고대 로마 사람들은 밤하늘에서 붉게 빛나는 행성을 보았어. 꼭 피로 물든 전쟁터 같았지. 그래서 로마인들은 이 행성에 신화 속 전쟁의 신인 마르스(Mars)의 이름을 붙였어. 훗날 화성의 영어 이름이 되었지. 오늘날 화성의 별명은 붉은 행성이란다.

Q 동물원에서 볼 수 있는 달은? | A 수달, 해달

로마 신화에서 전쟁의 신으로 나오는 마르스의 동상이야.

녹슨 자동차

화성의 붉은빛은 오래된 철이 녹슬었을 때의 색과 비슷해. 실제로 화성의 표면을 덮은 먼지와 모래에 녹슨 철의 성분이 섞여 있거든. 그래서 화성은 마치 오랫동안 버려진 채로 비를 맞은 쇠공처럼 보인단다.

녹슨 통조림 캔

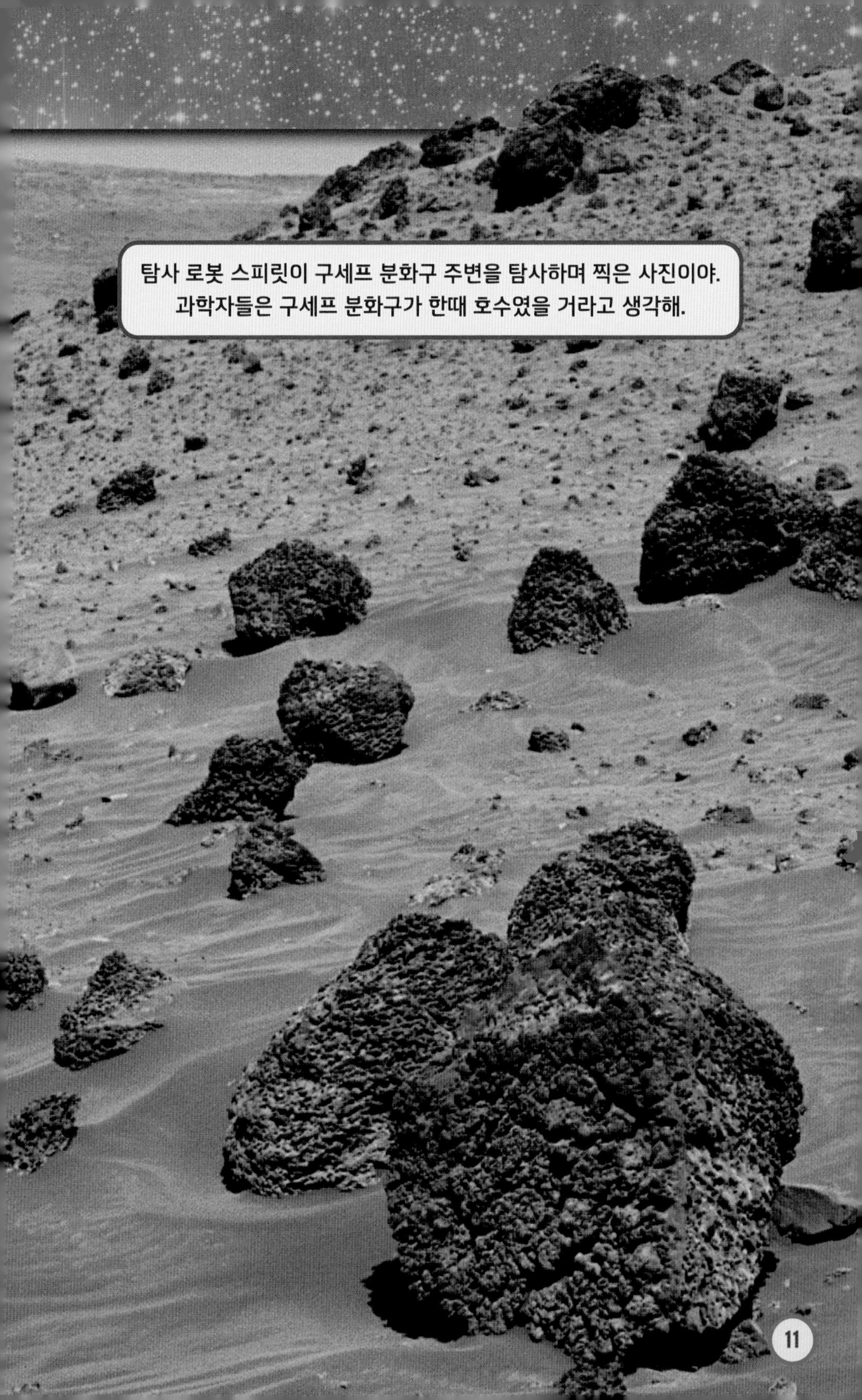
탐사 로봇 스피릿이 구세프 분화구 주변을 탐사하며 찍은 사진이야.
과학자들은 구세프 분화구가 한때 호수였을 거라고 생각해.

덜덜, 화성의 날씨!

화성은 붉은색이니까 아주 뜨거울 것 같지 않아? 하지만 실제로 화성은 몹시 추운 곳이야. 지구보다 태양에서 멀리 떨어져 있어서 햇빛을 덜 받거든.

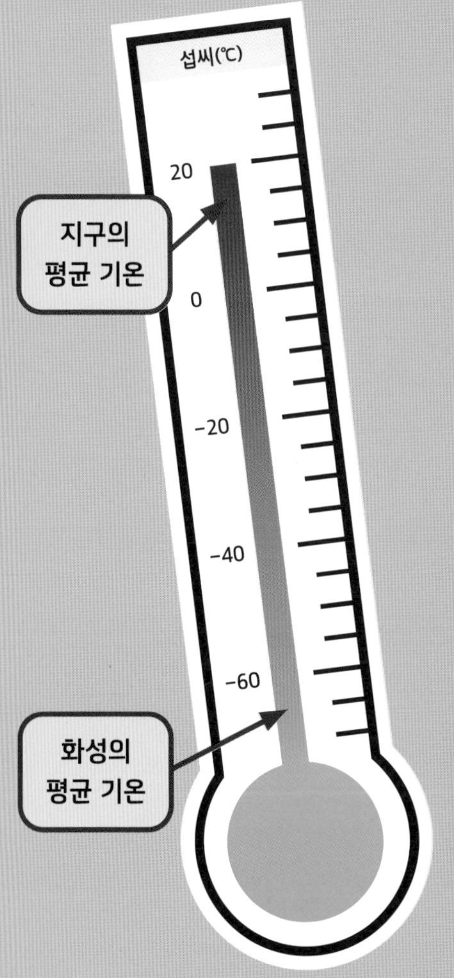

또, 화성은 **대기**가 많지 않아서 열을 잘 품지 못해. 그래서 태양의 열기가 쉽게 우주로 빠져나가지. 하지만 지구의 두꺼운 대기는 마치 포근한 담요처럼 태양의 열기를 유지해 준단다.

화성 용어 풀이

대기: 행성을 둘러싼 기체의 층.

연구원이 훈련 중에 직접 우주복을 입고 시험해 보고 있어.

치명적인 화성의 공기

화성의 공기를 잘못 마시면 큰일 나! 화성의 대기는 대부분 이산화 탄소로 이루어졌어. 이산화 탄소는 우리가 숨을 내쉴 때 나오는 기체야. 한편 지구의 대기는 대부분 질소와 산소가 차지해. 그중에서도 산소는 우리가 숨을 쉬는 데 꼭 필요한 기체야. 하지만 화성에는 산소가 없고 이산화 탄소만 가득해서 화성에 갈 때는 꼭 산소를 공급하는 특수 우주복을 입어야 해.

화성 여행을 하고 싶다면 알아야 할 게 또 있어. 바로 모래 폭풍이야. 행성을 둘러쌀 만큼 큰 모래 폭풍이 몰아쳐 몇 달 동안 화성을 덮어 버려.

화성의 모래 폭풍이 구세프 분화구 주위를 휩쓸고 있어.

깜짝 과학 발견

화성에 겨울이 오면 이산화 탄소가 얼어붙어서 드라이아이스 같은 눈이 내려.

Q 모래가 잘못해서 혼이 날 때 가는 곳은?

A 고비사막

한 가지 더! 화성에는 먼지 악마라고 불리는 엄청난 먼지 소용돌이도 여기저기를 휘젓고 다녀. 높이가 무려 20킬로미터나 되는 먼지 소용돌이가 기네스 세계 기록에 오르기도 했대. 엄청나지?

5 화성에 대한 가지 놀라운 사실

1

화성의 올림퍼스 몬스 화산

지구의 에베레스트산

화성에는 태양계에서 가장 높은 화산인 올림퍼스 몬스 화산이 있어. 이 화산은 지구에서 가장 높은 산인 에베레스트산보다 3배나 더 높아!

2

만약 화성에 강이 있었다면 이런 모습이었을까?

과학자들은 약 35억 년 전에 화성에서 일어난 홍수로 강이 생겼다는 사실을 알게 됐어. 홍수가 일어난 이유에 대해서는 아직 조사 중이라고 해.

3

화성에는 길이 4500킬로미터, 깊이 8킬로미터의 거대한 골짜기인 매리너 협곡이 있어. 미국의 그랜드 캐니언보다 20배는 더 크지.

4

화성에도 사계절이 있어. 다만 화성의 1년은 지구보다 길어서 각각의 계절도 길지. 우리나라가 있는 북반구 기준, 지구의 여름은 약 93일이지만, 화성은 약 184일이나 돼!

5

화성은 태양계 행성 가운데 수성과 함께 중력이 가장 작은 행성에 속해. 지구에서 몸무게가 100킬로그램인 사람이 화성에 가면 38킬로그램밖에 안 나간대.

화성 용어 풀이

북반구: 적도를 기준으로 북쪽에 있는 지역.

중력: 행성이 물체를 중심 쪽으로 끌어당기는 힘.

화성에도 물이 있을까?

원래 과학자들은 화성에 물이 없을 거라 생각했어. 화성은 대기층이 아주 얇고, 또 너무 춥거든. 하지만 이후 화성에 간 탐사 로봇이 화성에 물이 있을 수도 있다는 증거를 발견했어! 대부분 화성의 남극과 북극에 꽁꽁 얼어 있거나 땅속에 있겠지만 말이야.

이제 과학자들은 아주 먼 옛날 화성이 생긴 지 얼마 되지 않았을 때는 화성에 물이 흘렀을 거라 생각해. 강과 바다가 있을 만큼 물이 풍부했다고 말이야.

이 사실이 왜 중요할까? 물은 생물이 살아가는 데 꼭 필요해. 그러니 한때 화성에 물이 흘렀다면 생명체가 살았을지도 모르는 거 아니겠어? 그렇다면 생명체의 흔적을 어떻게 찾을 수 있을까?

NASA의 화성 탐사 로봇 오퍼튜니티가 북극 절벽에 드러난 얼음층을 발견했어.
35억 년 전 화성에 강이 흘렀다면 아마 이런 모습이었을 거야.

다음 정거장은 화성입니다!

화성에 액체 상태인 물과 생명체가 있었는지 확인할 수 있는 방법은 직접 화성에 가는 거야. 하지만 사람이 직접 화성에 방문하는 건 어려워. 그래서 과학자들은 지난 60년 동안 사람 대신 **탐사선**을 화성에 보냈어. 그동안 화성에 간 탐사선들을 알아보자. 연도는 탐사선이 지구에서 발사된 해야.

1964

작은 탐사선 매리너 4호가 화성 근처를 지나가면서 최초로 화성의 표면 사진을 찍어 보냈어.

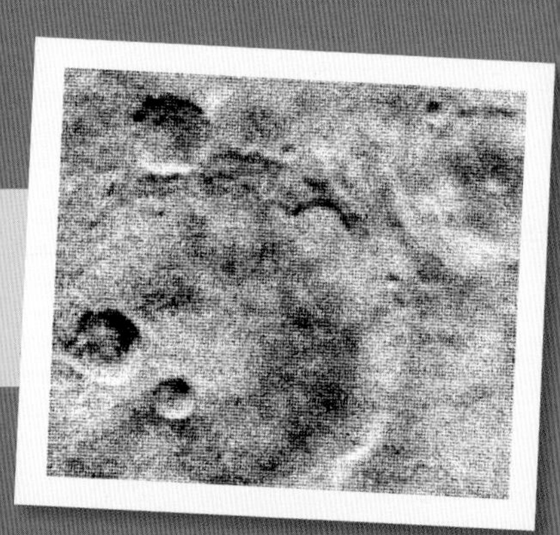

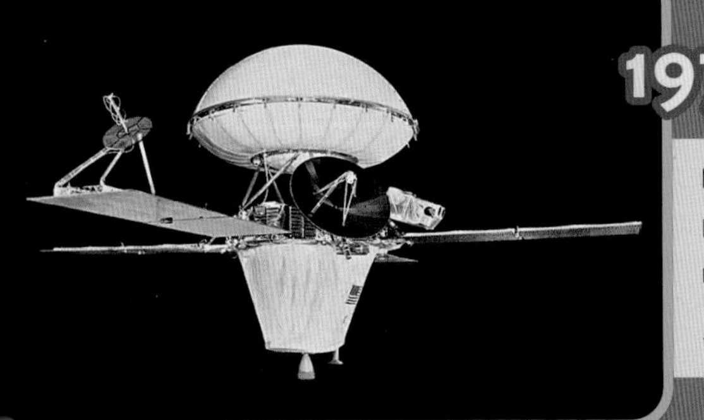

1975

바이킹 1호는 1975년에 출발하여 다음 해 화성에 착륙한 최초의 탐사선이야. 7년 동안 화성의 표면 사진을 찍고 기후를 조사했지.

1996

소저너는 화성에 착륙한 최초의 로봇 탐사차야.

스피릿

2003

스피릿과 오퍼튜니티는 쌍둥이 화성 탐사차야. 화성을 조사하며 사진을 수천 장 찍어 지구에 보냈지. 스피릿은 2010년에 작동을 멈췄고, 오퍼튜니티는 2019년을 마지막으로 임무를 마쳤어.

2007

화성 탐사선 피닉스는 화성의 구름에서 눈이 내리는 걸 포착했어.

2011

큐리오시티는 화성에 생명체가 있었는지를 조사하기 위해 발사됐어. 바퀴 달린 실험실이라 불릴 정도로 다양한 과학 장비를 싣고 떠났지.

큐리오시티의 로봇 팔에는 최첨단 카메라가 달려 있어.

화성 용어 풀이

탐사선: 우주에 대한 정보를 수집하기 위해 쏘아 올린 우주선.

탐사차: 지구에서 과학자들이 조종하는 대로 돌아다니며 다른 행성의 표면을 조사하는 차량.

매리너 4호는 7개월 넘게 우주를 비행하여 화성에 다다랐어.

초기 탐사선도 당시 최고의 기술로 만들었지만, 지금의 탐사선은 훨씬 발전했어. 이를테면, 매리너 4호는 22장의 화성 표면 사진을 찍어서 지구로 보냈어. 하지만 그 이후에 만들어진 탐사선들은 수천 장의 사진을 보낼 수 있게 되었지.

바이킹 1호는 궤도선과 착륙선으로 구성되어 있었어. 궤도선은 착륙선을 화성의 **궤도**까지 데려다줬고, 착륙선은 궤도선에서 분리되어 화성에 착륙해 행성을 탐사했지.

무엇보다 가장 복잡한 화성 탐사 장비는 탐사차야. 탐사차는 화성 표면을 돌아다니며 사진을 찍는가 하면, 화성의 날씨나 **토양**을 조사하여 정보를 수집해.

큐리오시티와 함께하는 화성 탐사

큐리오시티에 대해 좀 더 알아보자. 큐리오시티는 화성에 보낸 가장 크고 발전된 탐사차야. 소형 자동차만 한 이 탐사차는 지구의 과학자들을 대신해 화성을 탐사하고 있어. 원래 큐리오시티의 임무 기간은 23개월이었지만 지금까지도 활동 중이야.

큐리오시티의 임무는 화성의 암석과 토양에서 물이나 물의 흔적, 그리고 생물이 살아갈 수 있는 **서식지**를 찾는 거야. 큐리오시티는 이를 위해 다양한 과학 장비들을 싣고 화성으로 떠났어. 최첨단 카메라 17대, 멀리 있는 암석도 단번에 맞힐 수 있는 레이저, 암석 일부를 수집하는 드릴 등이 있었지.

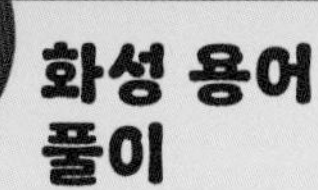

화성 용어 풀이

서식지: 동물이나 식물이 살아가는 보금자리.

미생물: 눈으로 볼 수 없는 아주 작은 생물.

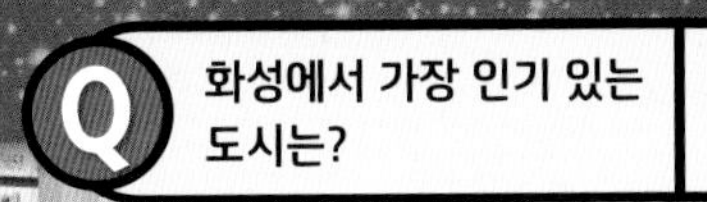

2010년, 큐리오시티를 개발한 NASA 공학자와 기술자들은 항상 특수한 옷을 입고 일했어. 지구의 미생물이 우주선에 실려 화성까지 가지 않도록 하기 위해서야.

깜짝 과학 발견

최초의 화성 탐사차 소저너는 크기가 고작 전자레인지만 했어.

큐리오시티는 지구에서 과학자들이 조종했어.
조종과 관리를 맡은 사람들은 큐리오시티가 화성
표면에 착륙한 후 어디에 있는지 쉽게 확인하기 위해
3개월 동안 화성의 시간에 맞춰 살았지.

깜짝 과학 발견

1999년 미국이 쏘아 올린 화성 탐사선은 아주 어이없는 실수로 화성에 도착하지 못했어. 제작자와 조종사가 서로 다른 단위로 우주선의 길이를 계산하는 바람에 탐사선이 금방 불타 버렸거든.

데이비드 오의 아들 데빈이 현관에 걸린 표지판을 보여 주고 있어. “우주 연구원은 지금 화성 시간에 맞춰 수면 중입니다. 나중에 다시 오세요.”

큐리오시티의 조종 책임자 데이비드 오는 가족이 다 함께 90일 내내 화성의 시간으로 살았대. 그렇게 몇 주가 지나자 밤낮이 완전히 바뀌어서 낮 12시에 잠자리에 들고, 새벽 3시에 나가서 자전거를 타기도 했다고 해.

데이비드 오의 아들 브레이든이 침실 창문을 가린 천을 슬쩍 올려 보고 있어. 햇빛에 잠을 깨지 않으려고 설치한 거야.

화성으로 향하는 기나긴 여정

지금까지 화성에 간 건 로봇뿐이야. 하지만 언젠가는 사람을 보낼 수 있기를 바라며 전문가들은 그 방법에 대해 여러 의견을 내놓고 있어. 여기서 한 가지는 확실해. 정말로 사람이 화성으로 가기까지는 아직 시간이 한참이나 남았다는 거야.

화성까지 가는 데는 적어도 7개월이 걸려. 게다가 도착한 후에 우주 비행사들이 일하고 생활하고, 식량을 기를 곳이 필요하겠지. 우주선 밖으로 나갈 때 입을 우주복도 연구해야 해. 지구에 있는 사람에게 연락하기 어렵다는 문제도 있어. 화성에서 보내는 통신 신호가 지구에 닿는 데 최대 20분이 걸리거든.

2013년에 미국 플로리다주 케이프커내버럴 공군 기지에서 화성 탐사선 메이븐을 실은 로켓을 발사하고 있어. 메이븐의 임무는 화성의 대기 정보를 수집하는 거야.

그럼에도 과학자들은 화성으로 가는 그날을 위해 화성을 본떠 만든 장소에서 여러 훈련을 하고 있어. 이 가짜 우주 정거장에서 생활하며 화성에서 살아남는 연습을 하는 거야.

미국 유타주 행크스빌의 화성 사막 연구 기지에서 과학자들이 탐사 훈련을 받고 있어.

Q 아무리 기다려도 버스가 오지 않는 정거장은?

A 우주 정거장

훈련 장소는 보통 화성과 환경이 비슷한 곳에 마련해. 즉, 사람이 적고 드넓은 지역이어야 하는데, 예를 들어 하와이의 화산 지대나 북극에 가까운 캐나다 사막 지대가 있지.

로버트 하워드 박사가 채소 재배 실험을 하고 있어. 화성에 간
우주 비행사들이 채소를 직접 길러 먹을 수 있도록 시험해 보는 거야.

화성에는 당연히 마트가 없겠지? 화성에 간
우주인들은 직접 식량을 길러 먹어야 할 거야.
그래서 과학자들은 우주인들이 화성에 가면 어떤 걸
먹으며 살 수 있을지 연구하고 있어.

지구에서 가져간 음식은 유통 기한이 최소한 3년은 되어야 해. 쉽게 썩거나 상하면 안 되거든. 또 화성에서 아프기라도 하면 큰일이니 영양도 충분히 챙겨야 하지. 먹는 데 질리지 않게 음식의 종류가 다양하면 더 좋겠지?

우주인들은 훗날 화성의 온실에서 딸기나 토마토를 키울 수 있을지도 몰라. 신선한 과일과 채소는 언제나 반가운 먹거리이지. 영양분도 풍부하고 말이야!

페퍼로니피자 주문이요!

화성에서 피자가 먹고 싶으면 어떡하지? 문제없어! 화성에 간 우주인들은 입체 물품을 찍어 내는 '3D 프린터'로 피자를 만들 수 있을지도 몰라. 양념이 된 밀가루와 물, 기름 등의 재료를 넣은 후 버튼을 누르면 음식이 나오는 장치가 개발 중이거든.

사람이 우주에 가면?

화성으로 떠나는 짐을 꾸리기 전, 우주에 가면 사람의 몸에 어떤 변화가 생기는지 알아 두는 게 좋을 거야. 왜냐고? 우리는 모두 지구에 적응된 사람이니까! 몸을 계속해서 아래로 잡아당기는 지구의 강한 중력에 익숙해진 채 살고 있잖아. 그래서 우리의 몸은 중력이 없으면 문제가 생기기 시작해.

중력이 없으면 우리 몸에 생기는 문제

✓ 근육이 약해진다.

✓ 뼈가 쉽게 부러진다.

✓ 체액이 몸의 위쪽으로 몰리면서 얼굴이 붓고 다리가 쪼그라든다.

✓ 멀미 때문에 머리와 배가 아프다.

지구와 멀어질수록 중력은 약해져. 화성에 도착해서 화성의 중력을 받을 때까지, 사람을 포함한 모든 물체는 **무중력 상태**로 둥둥 떠다닐 거야.

다행히 우주인들은 운동과 특별한 식단으로 몸에 생기는 문제를 조금은 줄일 수 있어.

화성 용어 풀이

체액: 피, 눈물, 침 등 동물의 몸 안에 흐르는 모든 액체.

무중력 상태: 무게를 느끼지 못하여 공중에 둥둥 떠 있는 상태.

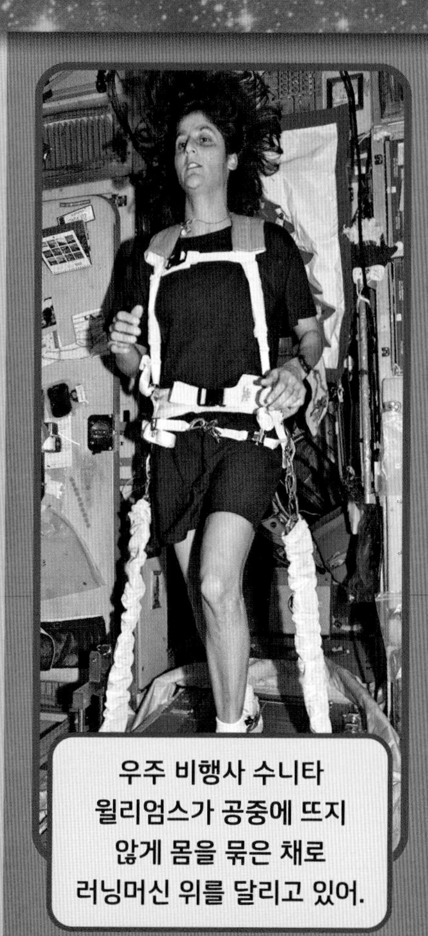

우주 비행사 수니타 윌리엄스가 공중에 뜨지 않게 몸을 묶은 채로 러닝머신 위를 달리고 있어.

우주 철인 3종 경기!

우주 비행사 수니타 윌리엄스는 우주에서 열린 최초의 철인 3종 경기를 완주했어! 특수 장비가 장착된 러닝머신 위를 달리고, 고정된 자전거 페달을 돌리고, 물속 환경을 본떠 만든 특별한 운동 기구를 사용해 수영까지 했지. 모두 국제 우주 정거장에서 해낸 일이야!

붉은 행성을 푸르게 만들 수 있을까?

우리가 화성에서 살 수 있는 날이 올지도 몰라. 하지만 사람이 살 만한 행성이 되게 하려면 많은 시간과 노력이 필요할 거야. 다른 행성을 지구의 환경과 비슷하게 만드는 과정을 '지구화' 또는 '테라포밍'이라고 해. 이 미래 기술로 어떻게 1000년 만에 화성을 '새로운' 지구로 만들어 가게 될지 소개할게!

붉은 행성 화성
지구 만들기 프로젝트

0년

가장 먼저 할 일은 사람이 생활할 수 있는 구역을 만드는 거야.

화성 용어 풀이

온실가스: 대기를 구성하는 기체 가운데 이산화 탄소, 메테인 등 지구를 덥게 만드는 물질.

100년 후

사람들이 세운 공장에서 강력한 온실가스가 나와 화성의 대기를 채울 거야. 그러면 춥디추운 화성도 점점 따뜻해지겠지?

시간이 지날수록 화성은 지구와 비슷해질 거야.

200년 후

온실가스가 충분히 쌓이면 하늘에선 비가 내리고 땅속에는 물이 흐르게 될 거야. 그럼 바위 주위에 미생물과 버섯, 이끼 등이 자라기 시작하겠지.

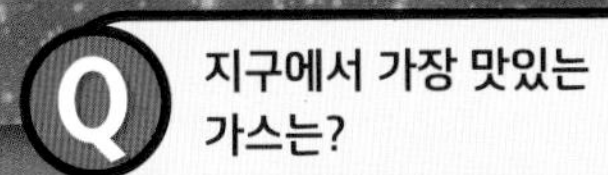

화성 용어 풀이

원자력: 원자핵이 분열할 때 발생하는 열에너지.

풍력: 바람의 힘.

600년 후

미생물 덕분에 식물이 자라기 쉬운 흙이 만들어지고 대기에 산소가 생겨. 그 땅에 꽃을 피우는 식물과 푸르른 나무를 가져다 심을 거야.

1000년 후

아직은 대기 중에 산소가 많지 않아서 야외에서는 산소 탱크가 있어야 숨을 쉴 수 있어. 한편 필요한 전기는 원자력이나 풍력 발전으로 만들면 돼.

안녕, 화성인!

오랫동안 화성은 사람들의 상상 속 특별한 세상이었어. 책과 드라마, 영화 등 다양한 매체에서 화성인은 초록색의 작은 사람으로 그려지곤 했지. 사람들이 화성에 외계 생명체가 산다고 처음 생각한 것은 100여 년 전이야.

1800년대 말에 몇몇 **천문학자**가 천체 망원경으로 화성을 관찰하다가 물길을 발견했다고 주장했어. 사람들은 이 물길을 **운하**로 착각하고는 화성인들이 운하를 건설한 거라며 흥분했지. 시간이 지나고 화성에 운하는 존재하지 않다는 게 밝혀졌지만, 화성에 진화된 생명체가 산다고 믿는 사람들은 여전히 있었어. 아직까지 믿는 사람은 없겠지만 말이야.

화성 용어 풀이

천문학자: 우주의 천체를 연구하는 과학자.

운하: 배가 다닐 수 있게 사람이 만든 물길.

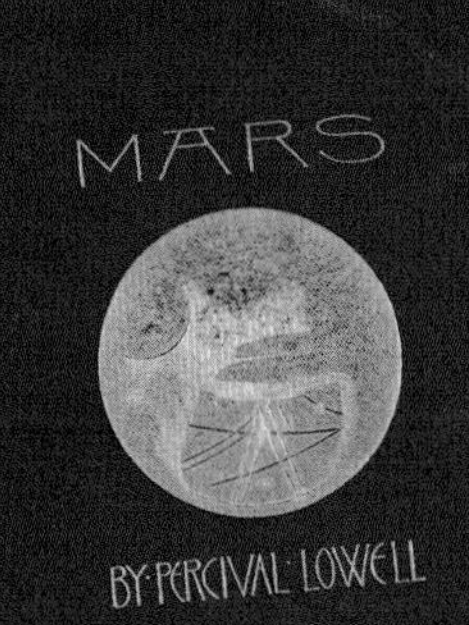

1895년에 퍼시벌 로웰은 『화성(Mars)』이라는 책을 썼어.

1953년에 개봉한 영화 「애벗과 코스텔로 화성에 가다(Abbott and Costello Go to Mars)」의 한 장면이야.

허버트 조지 웰스의 소설 『우주 전쟁』은 처음으로 인류와 화성인의 갈등을 다루었어.

1938년에 개봉한 영화 「플래시 고든의 화성 여행」 포스터야.

사람들의 상상 속 화성인

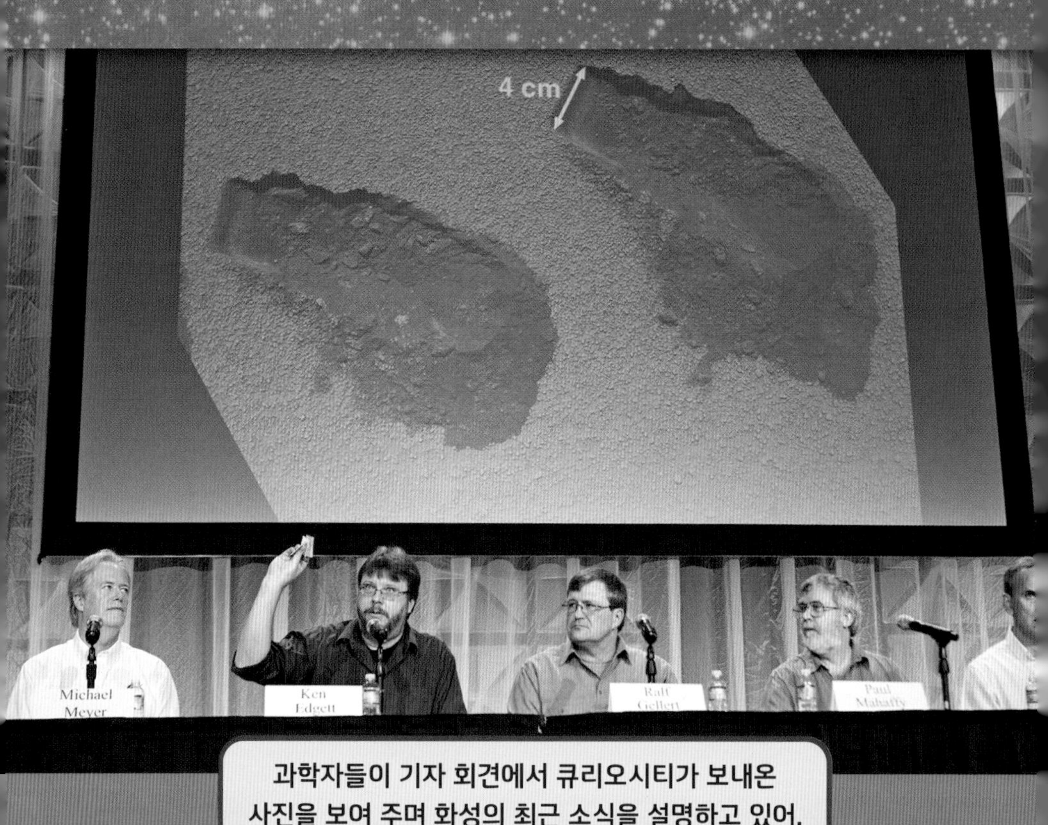

과학자들이 기자 회견에서 큐리오시티가 보내온
사진을 보여 주며 화성의 최근 소식을 설명하고 있어.

만약 화성에 생명체가 있다면 어떻게 생겼을까? 지구처럼 푸르게 변한 화성에서 살면 어떨까? 이런 상상은 언제나 즐겁지! 한편 과학자들이 가장 관심 있는 건 과거 화성에서 정말 생물이 살았는지야. 많은 이들이 그랬을 거라고 생각하거든. 그렇다면 그 생물은 어떻게 생겼을까?

화성의 생물들은 아마 아래 사진 속 미생물을 닮았을 거야. 너무 작아서 현미경이 없으면 볼 수 없지. 이게 사실이라면, 우리 주변에서 쉽게 볼 수 있는 가장 흔한 생물과 비슷하다는 거네!

현미경으로 본 미생물이야.
곰팡이, 세균 등이 미생물에 속해.

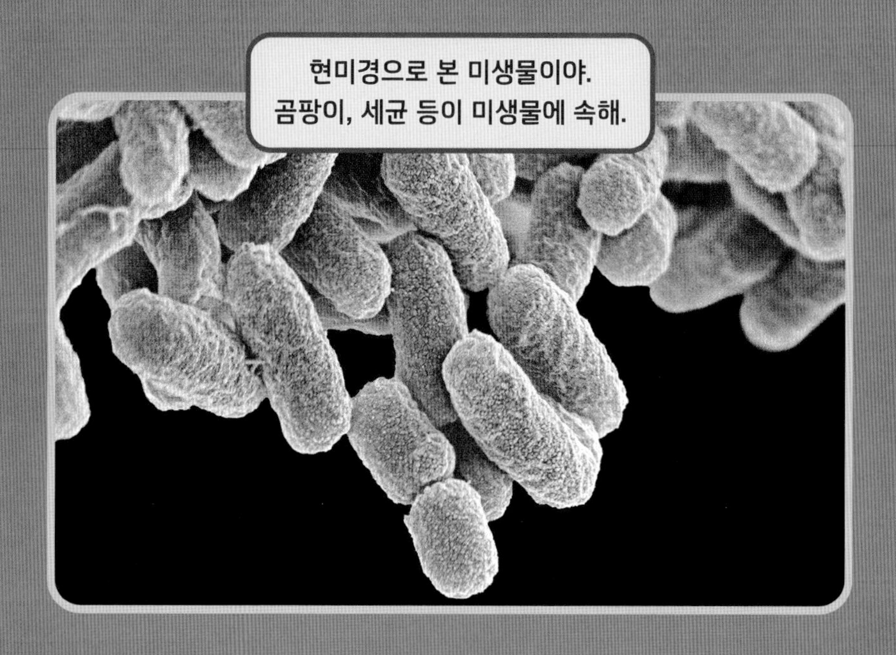

깜짝 과학 발견

과학자들이 남극의 호수에서 채집한 미생물을 화성과 비슷한 환경으로 옮긴 적이 있었어. 그런데 그 미생물이 죽지 않았대!

도전! 화성 박사

자, 이제 화성에 대해 많이 알게 됐니? 아래 퀴즈를 풀면서 직접 확인해 보자! 정답은 45쪽 아래에 있어.

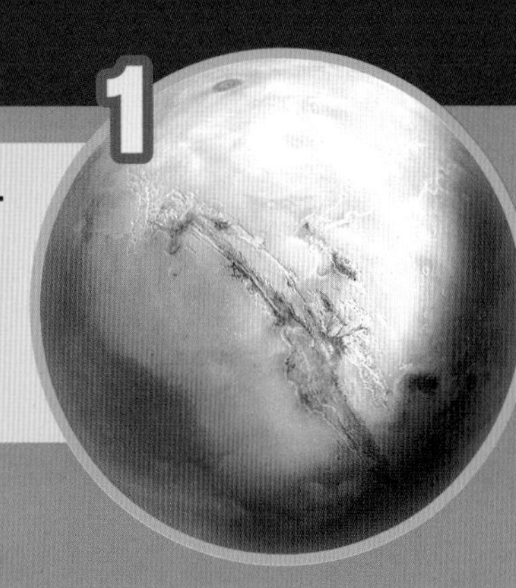

1

화성은 태양계의 ________번째 행성이야.

A. 2
B. 4
C. 6
D. 7

2

화성이 붉은색을 띠는 이유는 다음 중 어떤 물질 때문일까?

A. 탄소
B. 황
C. 화강암
D. 철

3

화성의 기후는 지구보다 ________.

A. 더 추워.
B. 더 더워.
C. 더 춥지도, 덥지도 않아.
D. 더 습해.

4

다음 중 현재 화성과 지구에서 모두 볼 수 있는 게 아닌 것은?

A. 계절
B. 화산
C. 골짜기
D. 액체 상태의 물

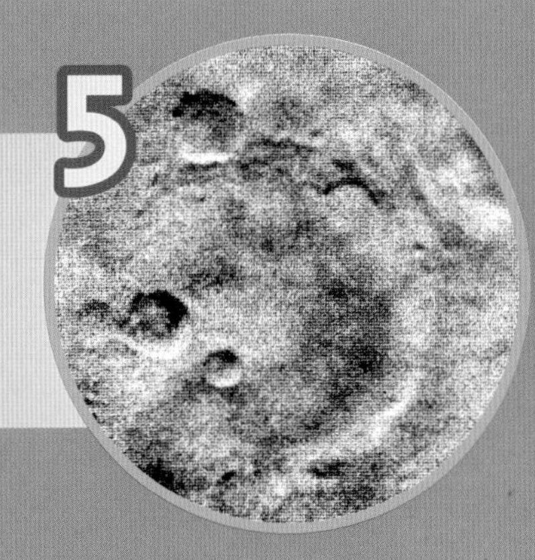

5

최초로 화성의 사진을 찍은 탐사선은?

A. 큐리오시티
B. 스피릿
C. 소저너
D. 매리너 4호

6

무중력 상태에서 물체는 어떻게 될까?

A. 가라앉는다.
B. 둥둥 떠다닌다.
C. 날아다닌다.
D. 원을 그리며 움직인다.

7

화성에 가져갈 음식의 조건은?

A. 맵기
B. 화려한 색
C. 긴 유통 기한
D. 준비할 필요 없음

정답: 1. B, 2. D, 3. A, 4. D, 5. D, 6. B, 7. C

꼭 알아야 할 과학 용어

천문학자: 우주의 천체를 연구하는 과학자.

중력: 행성이 물체를 중심 쪽으로 끌어당기는 힘.

서식지: 동물이나 식물이 살아가는 보금자리.

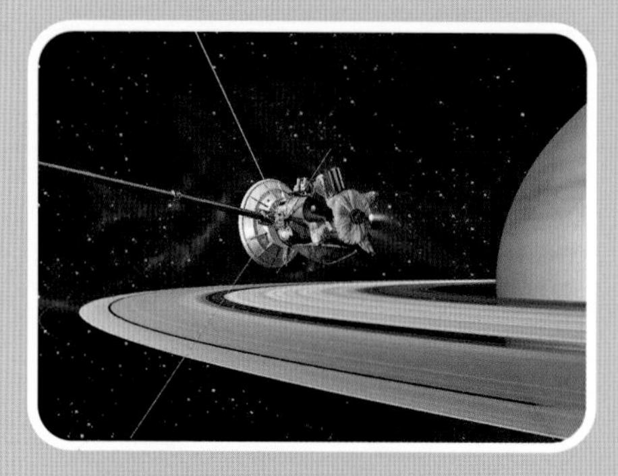

탐사선: 우주에 대한 정보를 수집하기 위해 쏘아 올린 우주선.

탐사차: 지구에서 과학자들이 조종하는 대로 돌아다니며 다른 행성의 표면을 조사하는 차량.

대기: 행성을 둘러싼 기체의 층.

축: 행성이 회전할 때 중심이 되는 상상의 선.

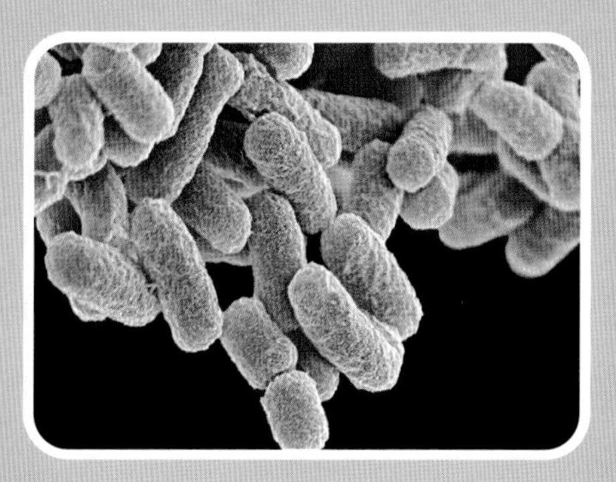

미생물: 눈으로 볼 수 없는 아주 작은 생물.

궤도: 행성이나 달이 태양이나 다른 행성을 돌면서 그리는 타원 모양의 길.

태양계: 태양과 그 주위를 도는 모든 것.

무중력 상태: 무게를 느끼지 못하여 공중에 둥둥 떠 있는 상태.

찾아보기

ㄱ

구세프 분화구 11, 14

ㄷ

대기 12, 13, 18, 29, 37, 39

ㅁ

마르스 8, 9
매리너 4호 20, 22
매리너 협곡 17
메이븐 29
무중력 상태 35
미국 항공 우주국 (NASA) 4, 19, 25
미생물 25, 38, 39, 43

ㅂ

바이킹 1호 20, 22

ㅅ

사막 4, 30, 31
산소 13, 39
생명체 18, 20, 21, 40, 42
소저너 21, 25
수성 7, 17
스피릿 4, 11, 21

ㅇ

오퍼튜니티 19, 21
온실가스 37, 38
우주 정거장 30, 35
우주복 13, 28
이산화 탄소 13, 14

ㅈ

자전 7
중력 17, 34, 35
지구 4-7, 12, 13, 16, 17, 20-22, 24-26, 28, 33-36, 38, 42
질소 13

ㅋ

큐리오시티 21, 23-27, 42

ㅌ

탐사선 20-22, 26, 29
탐사차 21, 23-25
태양 5, 12
태양계 4, 5, 7, 16, 17
테라포밍 36

ㅍ

피닉스 21

ㅎ

화산 7, 16, 31
호수 11, 43